Michael Reichert, Philop Osei Owusu

Begriffsdefinitionen: Naturgefahren/Naturgefährdung, Naturereignisse, Naturrisiken, Naturkastrophen

GRIN Verlag

Bibliografische Information der Deutschen Nationalbibliothek:

Die Deutsche Bibliothek verzeichnet diese Publikation in der Deutschen National-bibliografie; detaillierte bibliografische Daten sind im Internet über http://dnb.d-nb.de/ abrufbar.

Impressum:

Copyright © 2008 GRIN Verlag GmbH
Druck und Bindung: Books on Demand GmbH, Norderstedt Germany
ISBN: 978-3-656-35470-3

Dieses Buch bei GRIN:

http://www.grin.com/de/e-book/208079/begriffsdefinitionen-naturgefahren-naturgefaehrdung-naturereignisse

Begriffsdefinitionen:

Naturgefahren/Naturgefährdung

Naturereignisse

Naturrisiken

Naturkatastrophen

Versicherbarkeit von Naturgefahren, Spezialseminar A/B

Referenten: Michael Reichert & Philip Osei Owusu

Datum: 16.10.2008

Gliederung

1. Einführung   3

2. Begrifflichkeiten   5
    2.1 Natur- und Extremereignisse   5
    2.2 Naturgefahren   6
    2.3 Naturrisiken   7
    2.4 Naturkatastrophen   8

3. Klassifikation von Naturgefahren   11
    3.1 Klassifikation nach Ursache/Prozess   12
    3.2 Klassifikation nach Dauer   14
    3.3 Klassifikation nach Ausmaß   15

4. Bedeutung für die Versicherungswirtschaft   16

5. Fazit   18

6. Literatur

1. Einführung

Der Tsunami 2004 im Indischen Ozean hat fast 230.000 Menschen das Leben gekostet. Er wurde durch ein Beben der Stärke 9,3 auf der Richterskala ausgelöst, und war das bedeutendste Ereignis des Weltgeschehens an der Jahreswende 2004/2005. „Genau ein Jahr zuvor war es ein Erdbeben im Iran, das vor allem die Stadt Bam zerstört hatte und bei dem etwa 30.000 Menschen ums Leben gekommen sind." (Dikau/Pohl 2007: 1029). Die Ereignisliste ließe sich fast beliebig fortsetzen. Naturkatastrophen sind der beste Beweis für das Vorhandensein einer Naturgefährdung. Naturgefahren gewinnen in unserer Zeit immer mehr an Bedeutung (vgl. www.munichre.org).

Abb. 1: Entwicklung der Anzahl großer Naturkatastrophen

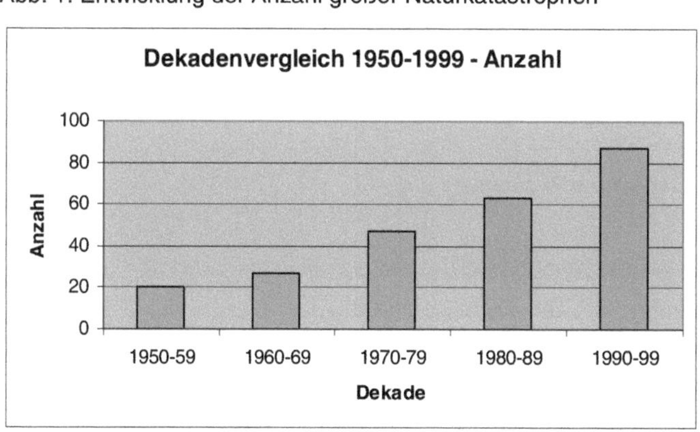

Eigene Grafik (nach Münchner Rück 2000)

Die oben stehende Grafik zeigt die Anzahl der großen Naturkatastrophen im Dekadenvergleich 1950 – 1999 im Auftrag der Münchner Rückversicherung. Man erkennt eine „eindeutige Zunahme der Katastrophengefahr" (www.munichre.com) bzw. eine signifikante Zunahme der Anzahl großer Naturkatastrophen im Untersuchungszeitraum. Der Begriff der "großen" Naturkatastrophen wird im Verlauf der Hausarbeit näher erläutert. Ein weiterer Beleg für die deutliche Zunahme der Katastrophengefahr bzw. den allgemeinen Anstieg der Anzahl der Naturkatastrophen liefert die Naturkatastrophen – Halbjahresbilanz 2008. Die Münchner Rück, die diese Pressemeldung publiziert hat, spricht hier davon, dass „2008 (…) voraussichtlich als eines der Jahre mit den höchsten Opferzahlen durch Naturkatastrophen in die Statistik eingehen (wird)." (www.munichre.com).

Einhergehend mit der steigenden Anzahl an großen Naturkatastrophen haben sich auch die Schadensvolumina deutlich erhöht.

Abb. 2: Entwicklung der Schäden durch große Naturkatastrophen

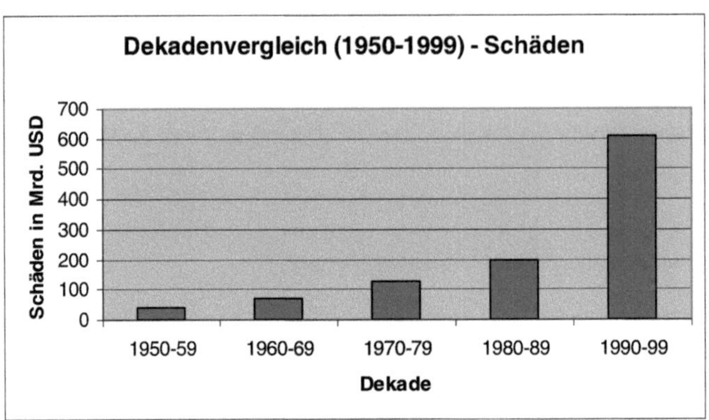

Eigene Grafik (nach Münchner Rück 2000)

Insbesondere bezüglich der Schäden werden die dramatischen Ausmaße deutlich. In der obigen Grafik erkennt man, dass noch in der Dekade zwischen 1950-59 Schäden in Höhe von knapp 50 Mrd. USD zu verzeichnen waren; im Untersuchungszeitraum zwischen 1990-99 hat sich die Schadenshöhe bereits mehr als verzwölffacht.

Als Gründe sind einerseits das Anwachsen der Weltbevölkerung mit einer einhergehenden Ausbreitung in früher gemiedenen Zonen zu nennen, andererseits aber auch eine Konzentration volkswirtschaftlicher Werte in Großstädten und Industriegebieten, die sich oftmals in katastrophengefährdeten Gebieten befinden. Nicht zuletzt müssen auch anthropogen verursachte Umweltveränderungen aufgezählt werden. Hierzu zählen u. a. die massive Ausbeutung von Rohstoffen und Bodenschätzen. Der langfristige Trend der steigenden Zahl von Wetterkatastrophen wird - nach Aussage der Münchner Rück - ebenfalls durch den Klimawandel beeinflusst.

Mit dem Anwachsen der Naturkatastrophen und der damit einhergehenden Naturgefahr befassen sich viele verschiedene Bereiche. Hierzu zählen u. a. die Natur- und
Ingenieurswissenschaften, Sozialwissenschaften, Wirtschaftswissenschaften, aber
auch das Versicherungswesen, die Politik und schließlich auch die Medien.

Ziel dieser Arbeit ist es nun, die verschiedenen Definitionen von Naturgefahren,
Naturereignissen und Naturkatastrophen zu erläutern und die unterschiedliche
Bedeutung der Begriffe für die jeweiligen Disziplinen, in denen sie Verwendung
finden, zu differenzieren.

2. Begrifflichkeiten

2.1 Natur- und Extremereignis

Zunächst soll der Begriff des Natur- und Extremereignisses näher definiert werden.
„Als Naturereignis bezeichnet man das Auftreten natürlicher Prozesse wie
Überschwemmungen oder Vulkanausbrüche. Im engeren Sinne kann ein
Naturereignis nur dann zur Naturkatastrophe werden, wenn es sich negativ auf den
Menschen oder von ihm geschaffene Werte auswirkt. Erst bei Überschreitung eines
bestimmten Schwellenwerts wird ein Naturereignis als Gefahr betrachtet. Dieser
Schwellenwert ist bei Individuen bzw. Gesellschaften unterschiedlich ausgeprägt und
kann sich im Laufe der Zeit ändern" (Dikau & Weichselgartner 2005:182).
Die obige Definition gibt vor allem die geographische Sichtweise wieder. In ihr wird
vor allem das Auftreten eines natürlichen Prozesses erwähnt, der meteorologischen,
geologischen oder biologischen Ursprungs sein kann. Als Beispiele für
meteorologische Naturereignisse können Überschwemmungen, Starkwinde und
Dürren genannt werden (vgl. Plate et al. 2001), während zu den geologischen
Naturereignissen alle endogenen Prozesse wie Erdbeben und Vulkanausbrüche
subsumiert werden. Zu den biologischen Naturereignissen kann z.B. eine
Heuschreckenplage gezählt werden.
Nach dem Auftreten eines Naturereignisses können weiterhin
Sekundärerscheinungen d.h. Folgeerscheinungen wie Hangrutschungen, Lawinen
und Waldbrände auftreten (vgl. Plate et al. 2001).

Weiterhin ist zu beachten, dass als Naturereignis lediglich natürliche Ereignisse ohne anthropogene Schadenswirkung bezeichnet werden. Ein Naturereignis wird dann zu einer Naturkatastrophe, wenn es sich auf den Menschen oder von ihm geschaffene Werte negativ auswirkt (vgl. Dikau & Pohl 2007). Beispielhaft für ein Naturereignis kann eine Überschwemmung auf Grönland oder ein Erdbeben in der Wüste genannt werden. Beide Ereignisse können nicht als Naturgefahr bezeichnet werden, da weder Menschen noch von ihm geschaffen Werte gefährdet sind (vgl. Dikau & Pohl 2007). Erfolgt das Erdbeben der gleichen Stärke allerdings z.B. in Los Angeles oder in Tokio, so kann dieses Naturereignis bei Überschreitung eines gewissen Schwellenwerts schnell zu einer Naturkatastrophe werden.

Vor allem im Versicherungswesen wird eine weitere Klassifikation der Naturereignisse vorgenommen. Da nicht alle Ereignisse katastrophale Auswirkungen haben, sondern in der Regel nur die statistisch extremen Ereignisse, spricht man von Extremereignissen als "Auslöser der Katastrophe" (vgl. Plapp 2003). Als Extremereignisse werden im Versicherungswesen Naturereignisse definiert, die vom gegebenen durchschnittlichen Trend signifikant abweichen und eine Naturkatastrophe verursachen.

2.2 Naturgefahr

Während ein Naturereignis als das tatsächliche Auftreten eines natürlichen Prozesses definiert ist, werden Naturgefahren als natürliche Prozesse angesehen, die eine potenzielle Bedrohung für Leben und Eigentum der Menschen darstellen. Eintrittshäufigkeit oder Ausmaß der natürlichen Prozesse haben hier eine bestimmte Toleranzgrenze überschritten (vgl. Dikau & Weichselgartner 2005).

„In einer enger gefassten Definition wird unter einer Naturgefahr die Wahrscheinlichkeit eines zukünftig auftretenden, schadenerzeugenden natürlichen Ereignisses in Raum und Zeit verstanden." (Dikau & Weichselgartner 2005: 180).

Wiederum können hier die Überschwemmung auf Grönland oder das Erdbeben in der Wüste zitiert werden. Diese drohenden Naturereignisse werden nicht als Naturgefahr angesehen, da weder Menschen noch von ihm geschaffene Güter gefährdet sind (vgl. Dikau & Pohl 2007).

„Mit zunehmenden technischen Möglichkeiten, vor allem im Hoch- und Tiefbau sowie im Wasserbau, werden die Naturgefahren auch vom Menschen begünstigt und ausgelöst. Sie werden deswegen als *quasinatürliche* Prozesse bezeichnet." (Leser 1998: 548).

Unter Naturgefahr wird folglich nicht ausschließlich ein tatsächlich eingetretenes Naturereignis gefasst, sondern auch ein drohendes Naturereignis, welches durch präventive Maßnahmen unter Umständen abgewendet werden kann. Da sich verschiedenste Disziplinen mit der Gefahrenforschung intensiv befassen, ist eine eindeutige Definition umso wichtiger, da in diesem Bereich Forschungsprojekte interdisziplinär angelegt sind, um so zuverlässige Prognosen für zukünftige Naturgefahren geben zu können. Hiermit konnte ein wichtiger Zweig der Naturkatastrophenvorsorge in den verschiedenen Disziplinen etabliert werden. Die verschiedenen Wissenschaftsdisziplinen fokussieren so verschiedene Aufgabenbereiche und bringen sie in die Gefahrenforschung ein.

„Sowohl in den Naturwissenschaften als auch in den Wirtschafts- und Sozialwissenschaften wurden und werden nun verstärkt Möglichkeiten untersucht, um sich schon vor Eintritt einer Katastrophe gegen diese zu schützen" (Hochrainer 2002: 3).

So wird in den Naturwissenschaften das natürliche Ereignis zunächst untersucht und klassifiziert. Die Rekonstruktion von Naturereignissen, die damit einhergehende Ermittlung von Frequenzen und Magnituden sowie aktuelle Messungen der Naturereignisse und deren Kartierung stehen im Mittelpunkt der Arbeit. Ziel ist die Erstellung von Gefahrenkarten und damit die Ermöglichung von Frühwarnsystemen. Schließlich befassen sich Technik- und Naturwissenschaften mit technischen Problemen wie z. B. dem Bau von Rückhaltebecken und Simulationen im Sinn von Prognosemodellen (vgl. Hochrainer 2002).

In der Sozialwissenschaft steht der Mensch und sein Verhalten während und nach einer eingetretenen Naturgefahr im Mittelpunkt. Folglich steht für den Sozialwissenschaftler nicht die Untersuchung eines natürlichen Phänomens im Fokus, sondern die Wahrnehmung, Bewertung und das Verhalten betroffener

Menschen. „In den Sozialwissenschaften sind die Menschen als Betroffene und Verursacher von Naturkatastrophen Gegenstand des Interesses." (Hochrainer 2002: 3).

Die Wirtschaftswissenschaften hingegen, beschäftigen sich mit den Auswirkungen von Naturgefahren bzw. eingetretenen Naturkatastrophen auf die ökonomische Situation eines Landes sowie mit der Messbarkeit der Auswirkungen und Maßnahmen des Staates zur Bewältigung der finanziellen Verluste (Hochrainer 2002: 3).

Im Folgenden soll die naturwissenschaftliche Perspektive und ihre Klassifizierungsmöglichkeiten kurz Erwähnung finden. Diese „Sicht auf das Naturgefahrenphänomen bezieht sich auf die natürlichen Prozesse, die als Ursache für die aufgetretene Naturkatastrophe angesehen werden können." (Dikau & Pohl 2007:1034). Folglich ist eine Gliederung der natürlichen Ereignisse und den von ihnen ausgehenden Naturgefahren in unterschiedliche Prozesstypen möglich. Neben der Klassifikation von Naturgefahren nach ihrer Ursache, können Naturgefahren ebenfalls nach Dauer und nach Ausmaß klassifiziert werden. Entscheidend ist immer der Zweck der Untersuchung. Im folgenden Kapitel (Kapitel 3.1) wird hierauf näher eingegangen.

2.3 Naturrisiken

„Unter Risiko versteht man allgemein die Wahrscheinlichkeit, dass sich durch unerwünschte Ereignisse Schäden für den Menschen, Sachgüter und die Natur ergeben. (...) Bei der speziellen Thematik der Katastrophenvorsorge wird der klassische Risikobegriff aus der Verbindung von Naturgefahr und Verwundbarkeit (= Vulnerabilität, Anm. der Autor) in der Form *Risiko = Naturgefahr * Verwundbarkeit* abgeleitet. Danach wird unter Risiko die Wahrscheinlichkeit verstanden, mit der Schäden für Mensch und Eigentum durch ein natürliches Ereignis entstehen können." (Dikau & Weichselgartner 2005: 180).
In der Versicherungswirtschaft wird zudem eine so genannte Risikoformel, „R = W * S" (Hellbrück & Fischer 2000: 345) verwendet. Demnach ist das Risiko ein Produkt aus der Eintrittswahrscheinlichkeit (einer Naturgefahr) und der Schadenserwartung.

Naturrisiko bezeichnet das „Risiko, das durch natürliche Prozesse und Phänomene erzeugt wird. Im Gegensatz zum Begriff Naturgefahr umfasst das Naturrisiko auch die anthropogenen Wechselwirkungen, die durch einen natürlichen Prozess wie Hochwasser ausgelöst bzw. begünstigt wird. Vor allem Sozialwissenschaftler unterscheiden zwischen externen Gefahren und Risiken, die an menschliche Entscheidungen gebunden sind." (Dikau & Weichselgartner 2005: 180).

Nach sozialwissenschaftlicher Perspektive sind Naturrisiken also Gefahren, denen sich der Mensch, aufgrund des Bestrebens, bestimmte Ziele zu erreichen, mehr oder weniger bewusst aussetzt. Der Mensch besitzt Optionen, „bestimmte Risiken einzugehen oder auch nicht. Risiken sind somit von individuellen und gesellschaftlichen Entscheidungen abhängig" (Dikau & Weichselgartner 2005: 180).
„Eine Gefahr dagegen tritt von außen an uns heran, wir haben uns nicht ausgesucht, ihr zu begegnen" (www.biosicherheit.de/de/schule/110.doku.html).
Auch hier sieht man wieder die klare Abgrenzung zwischen Gefahr und Risiko.

Unter Naturrisiken verstehen so die verschiedenen Disziplinen relativ unterschiedliche Dinge bzw. der Fokus zwischen Natur- und Sozialwissenschaften wird hier auffällig verschieden gelegt.

2.4 Naturkatastrophen

Der wohl umstrittenste Begriff ist der Begriff der Naturkatastrophen. Bis heute existiert keine unangefochtene wissenschaftliche Definition von Naturkatastrophe. Stattdessen gibt es im Diskurs zu Naturkatastrophen unterschiedliche Sichtweisen, die in verschieden Betrachtungen und Praktiken zum Ausdruck kommen. „Konsensfähig ist allerdings die Aussage, dass "Natur" – Katastrophe eigentlich ein Namensirrtum ist, da weder Katastrophen selbst noch ihre Bedingungen unbestreitbar natürlich sind" (Plapp 2003: 1).
Im Diskurs der verschiedenen Disziplinen dominiert die technisch-naturwissenschaftliche Betrachtung.
Im Folgenden soll zunächst der Begriff Katastrophe näher definiert werden:

„Eine Katastrophe ist ein Ereignis, in Raum und Zeit konzentriert, bei dem eine Gesellschaft einer schweren Gefährdung unterzogen wird und derartige Verluste an Menschenleben oder materielle Schäden erleidet, dass die lokale gesellschaftliche Struktur versagt und alle oder einige wesentlichen Funktionen der Gesellschaft nicht mehr erfüllt werden können." (UNDRO 1987, zitiert in Plate et al. 2001: 1)

Die obige Definition offenbart zunächst den geographischen Bezug, da sie die Konzentration eines Ereignisses in "Raum und Zeit" anspricht. Weiterhin bezieht sie sich auf die Gesellschaft bzw. spricht von einer betroffenen Gesellschaft als alleinigen Maßstab für eine Katastrophe. Der Bedarf auswärtiger Hilfeleistung wird anerkannt.

Katastrophen werden je nach Verursachung in Naturkatastrophen und technische Katastrophen unterteilt. Naturkatastrophen werden demnach durch klimatische und geologische Variabilität ausgelöst und liegen zumindest teilweise außerhalb menschlicher Kontrolle. Technische Katastrophen hingegen sind anthropogen verursacht und entstehen durch Unfälle im Kontext mit technischen Anlagen und Systemen (vgl. Hellbrück & Fischer 2000).
Allerdings wird die „saubere Trennbarkeit zwischen Naturkatastrophen auf der einen Seite und menschgemachten Umwelt- oder Technikkatastrophen auf der anderen Seite (...) angesichts der vielfältigen Verflechtungen immer schwieriger." (Plapp 2003: 2).
„Beim Ereignis Hochwasser kann man (...) Folgen menschlicher Eingriffe (Bodenversiegelung, Flussregulierung u. a.) beobachten und folglich auch von einem menschgemachten Problem (...) sprechen." (Plapp 2003: 1).

In dieser Arbeit sollen nun Naturkatastrophen näher definiert werden. Naturkatastrophen bestehen immer aus zwei Komponenten: Zunächst tritt ein extremes Naturereignis auf, welches einen gewissen Schwellenwert überschritten hat und vom statistischen Mittelwert der Ereignisse abweicht. Fortan resultieren hieraus negative, zerstörerische Folgen für den Menschen selbst, ihre Behausungen und die wirtschaftliche wie öffentliche Infrastruktur in der vom Ergebnis betroffenen Region (vgl. Plate et al. 2001).

Zu den Folgen gehören erstens direkte immaterielle Verluste an Leib und Leben von Menschen; hiermit gemeint sind Tote, Verletzte, obdachlos- oder heimatlos Gewordenen, aber auch psychische Traumatisierung als Folge des Erlebten. Zweitens gehören beschädigte Gebäude aller Art, Brücken und Straßen, Zerstörung von Trinkwasser- und Energieversorgungssystemen, Zerstörung des Telefonnetzes usw. zu den direkten materiellen Verlusten. Eine dritte Kategorie wird heute durch indirekte materielle Folgeschäden gebildet, die mit dem Ereignis verbunden sind wie z. B. Verdienstausfall durch Geschäftsunterbrechungen aufgrund der direkten Schäden (vgl. Smith 1996).

Ab wann ist ein großer Schaden eine Katastrophe? Über diese Frage bestand und besteht auch heute noch keine Einigkeit. Sheehan und Hewitt (1969) bezeichnen als Katastrophen alle Ereignisse, die mindestens 100 Tote oder mindestens 100 Verletzte oder mindestens eine Million USD Schaden verursachen. Glickman et al. (1992) dagegen setzen die Schwelle auf "nur" 25 Tote, damit aus einem Schadenereignis eine Katastrophe wird. Daneben existieren noch zahlreiche weitere Definitionen, die ebenfalls mit absoluten Schwellenwerten operieren. Dies ist jedoch kritisch zu sehen, da dieser quantitative Maßstab nicht berücksichtigt, dass in einem Entwicklungsland ein Schaden von z.B. 1 Mio. Euro eine andere Bedeutung für die Volkswirtschaft hat als für ein Schwellenland oder gar ein hoch entwickeltes Land wie z. B. Deutschland (vgl. Plapp 2003).

Neuere Definitionen verzichten mittlerweile teilweise auf absolute und quantitative Maßstäbe, und definieren Katastrophen qualitativ und relativ zum Bestehenden. Die eingangs des Kapitels zitierte Definition der United Nations Disaster Relief Organisation (UNDRO) verzichtet ebenfalls auf eine Schwelle in absoluten Zahlen bzw. einen quantitativen Maßstab.
Dennoch werden Ziffern in Katastrophendefinitionen oftmals beibehalten "u. a. aus Gründen der weiteren Klassifikation" (Plapp 2003: 3).

Abb.3: Klassifikation nach Katastrophenklassen

Abb. 1 Naturkatastrophen – Aufteilung in 7 Katastrophenklassen

Klasse			2000–2005	1990er	1980er
0 Naturereignis	Keine Schäden (z. B. Waldbrand ohne Gebäudeschäden)				
1 Kleinstschadenereignis	1–9 Tote und/oder kaum Schäden				
2 Mittleres Schadenereignis	10–19 Tote und/oder Gebäude- und sonstige Schäden				
3 Mittelschwere Katastrophe	Ab 20 Tote	Gesamtschaden	> 50 Mio.	> 40 Mio.	> 25 Mio. US$
4 Schwere Katastrophe	Ab 100 Tote	Gesamtschaden	> 200 Mio.	> 160 Mio.	> 85 Mio. US$
5 Verheerende Katastrophe	Ab 500 Tote	Gesamtschaden	> 500 Mio.	> 400 Mio.	> 275 Mio. US$
6 Große Naturkatastrophe	Tausende Tote, Volkswirtschaft schwer betroffen, extreme versicherte Schäden (Definition der Vereinten Nationen)				

Jährlich werden zwischen 700 und 900 Ereignisse in die Naturkatastrophendatenbank NatCat *SERVICE* der Münchener Rück aufgenommen. Je nach ihren monetären oder humanitären Auswirkungen stufen wir die Ereignisse in sieben Klassen ein – vom reinen Naturereignis mit sehr geringen volkswirtschaftlichen Auswirkungen bis hin zur großen Naturkatastrophe. Für unsere Auswertungen und Statistiken bleiben die reinen Naturereignisse (Kat-Klasse 0) unberücksichtigt.

Quelle: Münchner Rück 2005

Die Münchner Rückversicherung definiert in ihrer sechsten Katastrophenklasse auch große Naturkatastrophen:

„Als groß werden (…) Katastrophen beschrieben, wenn sie die Selbsthilfetätigkeit der betroffenen Regionen deutlich übersteigen und überregionale oder internationale Hilfe erforderlich machen. Dies ist in der Regel der Fall, wenn die Zahl der Todesopfer in die Tausende, die Zahl der Obdachlosen in die Hunderttausende geht oder substanzielle volkswirtschaftliche Schäden – je nach den wirtschaftlichen Verhältnissen des betroffenen Landes – verursacht werden." (Münchner Rück 1999: 41).

3. Klassifikationen von Naturereignissen und –gefahren

Es werden Naturgefahren und Naturereignisse auf der Basis unterschiedlicher Prozesstypen klassifiziert. Zum Thema „Klassifikation" haben sich viele Autoren geäußert, z. B. Dikau und Weichselgartner 2005, Smith 2004, Alexander 1993 und Organisationen wie die Internationale Strategie für Katastrophenvorsorge der Vereinten Nationen (International Strategie for Disaster Reduction, ISDR).

3.1 Klassifikation nach Ursache/Prozess

Alexander (1993) unterteilte „Naturgefahren und Naturereignisse" in drei Prozessgruppen. Er unterschied endogene Prozesse (z. B. Erdbeben, Tsunamis und

Vulkanausbrüche), atmosphärisch-hydrologische Prozesse (z. B. Stürme, Hagel, Dürren, Hochwasser, Schneelawinen, Gletscher) sowie oberflächennahe Prozesse (z. B. Bodenerosion, gravitative Massenbewegungen, Desertifikation, Frosthub, Bergsenkungen, Gletscherbewegungen, Küstenerosion, fluviale Prozesse, äolische Prozesse, Waldbrände) (Dikau & Pohl 2007).

Im Folgenden wird die Klassifikation der Internationalen Strategie für Katastrophenvorsorge (ISDR) der Vereinten Nationen (siehe Anhang) ausführlicher dargestellt. Sie kategorisiert Naturgefahren in meteorologische, hydrologisch-glaziologische, geologisch-geomorphologische, biologische und extraterrestrische Typen (Dikau & Pohl 2007).

Meteorologische Naturgefahren

Die meisten Naturereignisse und Naturgefahren werden durch atmosphärische Prozesse - dazu zählen Prozesse wie Stürme, Wirbelstürme (Tornado), Gewitter, Extremniederschläge, Blitzschlag, Hitzewelle, Kältewelle, Nebel und hohe Windgeschwindigkeiten – hervorgerufen. In Bezug auf den Grad der Betroffenheit sind alle Regionen der Welt aufgeführt

Das Phänomen "Hitzewelle" spielt eine große Rolle in Bezug auf meteorologische Naturgefahren. Laut zahlreichen Berichten, vor allem von der Internationalen Förderation der Rotkreuz- und Rothalbmond-Gesellschaften, war die so genannte Hitzewelle des „Jahrhundertsommers 2003" in Europa die bisher größte Katastrophe. Sie hat zwischen 22000 und 35000 Menschen das Leben gekostet. Die meisten Leute, die darunter gelitten haben, waren Kinder und Alte.

Hydrologisch-glaziologische Naturgefahren

Die Entstehung dieses Typs wird durch Prozesse und Phänomene, durch Wasser auf dem Festland in flüssiger und fester Form, hervorgerufen. Es gibt zahlreiche Ursachen, wodurch diese Gefahren bedingt sind. Eine davon ist das Überangebot von Wasser an der Oberfläche (Hochwasser). Nach Goudie (2007) bedeutet

Hochwasser das über bestimmte Bezugslinien wie zum Beispiel das Ufer eines normalen Flusslaufes hinausgehende Wasser. Hochwasser kann man in drei Typen gliedern. Die drei Typen sind Flussüberschwemmungen, Sturz- und Sturmfluten. Es sollen an dieser Stelle die Typen von Hochwasser kurz definiert bzw. geklärt werden. In kleinen Einzugsgebieten führt ein Starkregenereignis zu Sturzfluten. Wenn dieses Ereignis sich in einem ebenen Gelände befindet, führt es zu Überflutungen. In einem steilen Gelände ist sogar eine starke Hochwasserwelle möglich. Sturmfluten treten an den Küsten der Meere und großen Seen auf. Sie entstehen durch orkanartigen Wind, der das Wasser an die Küste drängt. Flussüberschwemmungen entstehen durch lang anhaltende und ergiebige Niederschläge auf ein großes Einzugsgebiet. Die anthropogenen Einflüsse sollen hier nicht vergessen werden. Sie bestehen unter anderem aus Landnutzung, Bau von Dämmen, Versieglung etc..

Hydrologisch-glaziologische Naturgefahren können auch durch Niedrigwasser (Dürren) entstehen. Was bedeutet Niedrigwasser? Es gibt keine richtige Definition dafür, aber man kann es auch als Wassermangel beschreiben. Die Auslöser für Dürren bzw. Niedrigwasser sind zahlreich. Es kann z. B. durch Klimaänderung kommen. Die damit verbundenen Schadenpotenziale sind enorm. Wenn es nicht so viel wie sonst regnet, kann es dazu führen, dass das Ökosystem bzw. die Menschen, Tiere und Pflanzen keine Überlebenschancen mehr haben.

Die glaziologischen Gefahren sollen an dieser Stelle kurz eingeführt werden. Hierzu gehören u. a. Schneelawinen, Gletscherabbrüche, Ausbruch von Gletscherseen, Permafrostschmelze und Frosthub.

Geologisch-geomorphologische Naturgefahren

Sie basieren auf Prozessen und Phänomenen, die sich in der Lithosphäre und der Reliefsphäre abspielen. Die Lithosphäre ist elastisch, aber es kann zu Brüchen und Erdbeben kommen. Zur Lithosphäre zählen die Ozeane und Kontinente. Die Naturgefahren in der Lithosphäre sorgen für Erdbeben, Seebeben, und Vulkaneruptionen.

Ein anderer Bereich der geologisch- geomorphologischen Naturgefahren ist die Reliefsphäre. Sie werden durch die Prozesse hervorgerufen, die an der

Erdoberfläche und in der oberflächennahen Lithosphäre stattfinden. Die damit verbundenen Gefahren sind Massenbewegungen und Bodenerosion.

Auch unter dieser Klassifikation zu betrachten sind die gravitativen Massenbewegungen. Sie können als bruchlose und bruchhafte hangabwärts gerichtete Verlagerungen von Fels- und/oder Lockergestein unter der Wirkung der Schwerkraft definiert werden. Sie können als schnelle (Bergsturz, Murgang, Steinschlag) oder als langsame Ereignisse (Talzuschub, Erdstrom, Schuttstrom) erfolgen. (vgl. Dikau, GV WS 2006/07). Es sind fünf Prozesse zu unterscheiden. Fallen, Kippen, Gleiten (Rutschung) und Fließen. Massenbewegungen können in Begleitung von Erdbeben und Vulkanausbrüchen entstehen.

Biologische Naturgefahren

Bei diesem Naturgefahrentyp handelt es sich um Prozesse sowie jene Vorgänge, welche Epidemien, Tier- und Pflanzenkrankheiten, Seuchen, Waldbrände und Insektenplagen, verursachen. Auslöser bei diesem Typ sind Mikroorganismen, Gifte, bioaktive Substanzen und die Menschen (Dikau & Pohl 2007).

Technologische Naturgefahren

Die technologischen Naturgefahren werden, wie schon der Namen sagt, mit der Technologie in Verbindung gebracht. Die Gefahren daraus können den Zusammenbruch von Infrastruktur, der durch die Technologie aufrechterhalten wird, bedeuten. Durch atmosphärische Emissionen können Beeinträchtigungen der Wasserressourcen, Gesundheitsschäden und Todesfälle führen. Die Konsequenzen aus den Gesundheitsschäden können langfristig sein, dass die Wahrscheinlichkeitsantritt eines Risikos von Krebskrankheiten oder angeborenen Missbildung bei Kindern, deren Eltern so einen Unfall betroffen waren, sehr groß ist.

3.2 Klassifikation nach Dauer

Alexander (1993) hat im gleichen Jahr - siehe seine Klassifikation im vorherigen Verlauf der Arbeit - einen Ansatz vorgestellt, der noch weitere Klassifikationen behandelt. Der Ansatz, den er darstellte, beschreibt ähnliche oder gleiche

Prozesseigenschaften. Seine Basis für die Einteilung war die „Dauer des gefährlichen Prozesses" und seine „Vorwarnzeit" (Dikau & Pohl 2007). Die Vorteile daraus, sind die Möglichkeiten, die er der Vorbereitung auf kommende Gefahren bietet. Es wird der Hinweis darauf gegeben, dass die Verantwortlichen sich darauf einstellen und daraus Konsequenzen ziehen sollen. So eine Einteilung wäre z. B für die Entwicklung und Nutzung von Frühwarnsystemen und das Risikomanagement nützlich.

3.3 Klassifikationen nach Ausmaß

 Beim Ausmaß geht es um die Schäden und Anzahl an Ereignissen, die die Naturgefahren an Menschen und seine Materialien anrichten. Sie nehmen ständig zu. Zum Beispiel beträgt der jährliche Schadenerwartungswert rund 400 Millionen Franken in der Schweiz (http://www.bafu.admin.ch/umwelt/status/03995/index.html?lang=de). Die Naturgefahren, die die meisten und häufigsten Schäden verursachen, werden durch Hochwasser, Murgänge und Erdrutsche hervorgerufen.

Bei der Anzahl an Ereignisse geht es darum, wie häufig ein Naturgefahren vorkommt. Bei diesem Kriterium wurde es laut München Rückversicherung herausgefunden, dass die meist vorkommenden Ereignisse Hochwasser, Erdbeben, Vulkanausbruch, Sturm und einige Temperaturextreme sind. Sie verursachen auch die häufigsten Schäden. Am folgenden Schaubild kann man die Häufigkeit der vorkommenden Ereignisse erkennen:

Abb. 4: Anzahl der Ereignisse nach Ereignistyp

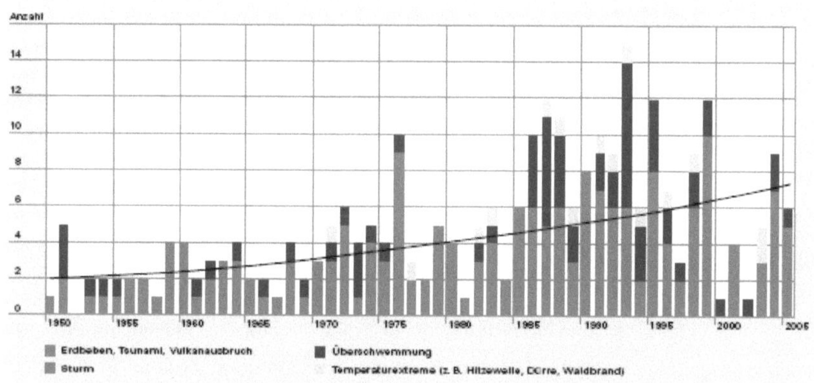

Quelle: http://www.munichre.com/publications/302-04771_de.pdf

Allgemein muss jedoch zu jeder Klassifikation kritisch angemerkt werden, dass die Klassifikation keine endgültige und absolute ist, sondern das sie sich immer nach dem Zweck richtet, für den sie aufgestellt wird (Dikau & Pohl 2007).

4. Bedeutung für die Versicherung - Höhere Gewalt

Abb.5.: Volkswirtschaftlich/versicherte Schäden mit Trends

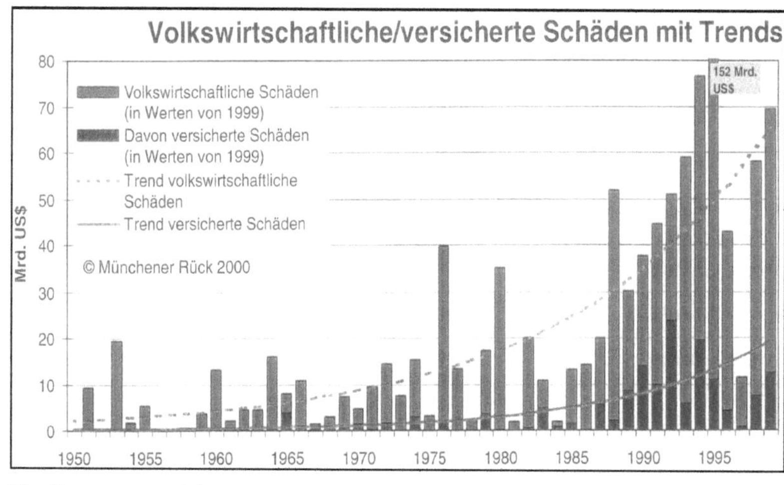

Quelle: www.munichre.com

Die obere Grafik zeigt nochmals die Entwicklung der Schäden von 1950 bis 1999. Man erkennt, dass die Schere zwischen volkswirtschaftlichen Schäden und den versicherten Schäden immer weiter aufgeht.

In diesem Zusammenhang ist die Einführung des Begriffs der Höheren Gewalt sinnvoll. „Höhere Gewalt" ist ein von außen einwirkendes, nicht vorhersehbares und nicht beeinflussbares Ereignis, das auch bei äußerster Sorgfalt des Betroffenen nicht abgewendet werden kann. Ein Beispiel für höhere Gewalt ist eine Steinlawine, die sich in den Bergen ohne äußere Einwirkung löst und Schaden verursacht. (http://www.krist-versicherungsmakler.de/glossar/hoehere-gewalt__337.htm).
Nun was für eine Bedeutung hat die „Höhe Gewalt" für die Versicherungsunternehmen? Aus der Sicht der Versicherung besteht kein Schutz gegen Schadensereignisse, falls Naturkatastrophen stattfinden sollten. Für Schäden, die durch höhere Gewalt entstanden sind, trägt niemand die Verantwortung. Die Prinzipien des Verschuldens und der Haftung sind hier nicht anwendbar. (http://www.krist-versicherungsmakler.de/glossar/hoehere-gewalt__337.htm).   Der Begriff „Höhere Gewalt" wird in den verschiedenen Policen der zahlreichen Versicherungsunternehmen mittlerweile selten genutzt. Deswegen werden bei Versicherungsunternehmen, die Naturereignisse wie Erdrutsche, Vulkanausbrüche, Stürmen usw. einzeln aufgezählt. Das heißt, die Versicherungsnehmer müssen bei Versicherungsabschluss eine höhere Prämie zahlen. Möglich ist auch eine Elementarschaden-Versicherung als Paket damit für spätere Schäden die Versicherung haftet.

5. Fazit

Die vorliegende Arbeit zeigt, dass für die oben beschrieben Begrifflichkeiten oftmals keine einheitliche Definition existiert. Vielmehr ist die jeweilige Definition abhängig von der Stellung sowie der Intention des Akteurs.

Während ein Naturereignis ein natürliches Ereignis ohne negative Auswirkungen für den Menschen darstellt, stellt ein Extremereignis eine Abweichung vom durchschnittlichen Trend dar und kann eine Naturkatastrophe auslösen. Der Begriff

Naturereignis wird hier relativ klar definiert, wobei eine naturwissenschaftliche bzw. geographische Betrachtungsweise dominiert.

Eine Naturgefahr hingegen bezeichnet einen natürlichen Prozess als potenzielle Bedrohung für Leib und Leben des Menschen. Der Begriff wird meist nur auf wissenschaftlicher Ebene diskutiert, wobei festgehalten werden muss, dass nicht jedes Naturereignis auch eine Naturgefahr – Beispiel ein Erdbeben in der Wüste – darstellt. Naturgefahren werden oftmals klassifiziert, mögliche Klassifizierungen sind nach Prozess/Ursache, Dauer und Ausmaß, wobei jegliche Klassifikation immer zweckgebunden ist.

Besonders der Begriff des Naturrisikos ist hier im Zusammenhang zur Naturgefahr zu sehen. Naturrisiken sind Gefahren, denen sich der Mensch, aufgrund des Bestrebens, bestimmte Ziele zu erreichen, mehr oder weniger bewusst aussetzt. Neben dieser sozialwissenschaftlichen Perspektive existiert ebenfalls noch z.B. eine naturwissenschaftliche Perspektive, wobei Differenzen zu erkennen sind.

Der wohl umstrittenste Begriff ist der Begriff der Naturkatastrophe. Naturkatastrophen werden durch klimatische und geologische Variabilität ausgelöst und liegen zumindest teilweise außerhalb menschlicher Kontrolle. Im Verhältnis zu den so genannten technischen Katastrophen ist nicht immer eine klare Trennung möglich. So kann z. B. eine Flutkatastrophe zwei Ursachen haben. Einerseits einen niederschlagsbedingten Anstieg des Wasserstandes, zum anderen den Bruch eines fehlerhaften Dammes. Beides zusammen führt zur Katastrophe. Dennoch neigt man auch hier dazu, als eigentliche Katastrophe den auslösenden Faktor – hier das Wetter – zu sehen. Technische Katastrophen sind dagegen primär von Menschen verursacht (vg. Hellbrück & Fischer 2001).

Definitionen von Naturkatastrophen sollten immer qualitativ und relativ zum Bestehenden formuliert sein; ein Umgang mit absoluten Messgrößen ist zu vermeiden.

Schließlich muss auch der Einfluss der Medien kritisch gesehen werden. Oftmals bestimmen nur die Massenmedien was überhaupt erst zur Katastrophe benannt wird. Medien sind häufig nur an Sensationen interessiert und blenden eine langfristige Perspektive aus. Weiterhin herrscht Sensationslust und Voyeurismus - besonders bei werbefinanzierten Privatsendern – vor, da man sich so höhere Einschaltquoten erhofft. Auch Bezüglich der richtigen Verwendung der Begrifflichkeiten sind oftmals noch Defizite vorhanden, so dass hier insgesamt noch Aufklärungsbedarf besteht.

Ziel aller Beteiligter sollte es sein, eine gemeinsame Basis zu schaffen, die besonders im Bereich der interdisziplinär angelegten Katastrophenvorsorge unabdingbar ist.

6. Literatur

Brunotte E. et al. (2002): Lexikon der Geographie. Bd. 3. Spektrum Akademischer Verlag Heidelberg. Berlin.

Dikau R. & Weichselgartner J. (2005): Der unruhige Planet. Der Mensch und die Naturgewalten. Frankfurt am Main.

Dikau R. & Pohl J. (2007): Hazards. Naturgefahren und Naturrisiken. In: **Gebhardt H. et al.**: Geographie. Physische Geographie und Humangeographie. Spektrum Akademischer Verlag. Würzburg. S1029-1075.

Glade & Dikau (2001): In : Petersmanns Geographische Mitteilungen. Nr.145. S.42.

Goudie, A.(2007): Physische Geographie. Eine Einführung. Spektrum Akademischer Verlag. München.

Hellbrück & Fischer (2001): Umweltpsychologie

Hochrainer, S. (2003): Naturkatastrophen. Risikowahrnehmung und Vorsorgestrategien. Wien/Laxenburg

Leser, H. (1998): Wörterbuch Allgemeine Geographie: Deutscher Taschenbuch Verlag. München.

Plate et al. (2002): Naturkatastrophen. Ursachen, Auswirkungen, Vorsorge. Schweizerbart. Stuttgart.

Smith K. & Ward R. (1998): Floods. Physical Processes and Human Impacts. Chichester.

Internetquellen:

www.bayern.de/lfw/ian/konzept/schutt.html

www.umdiewelt.de/photos/812/790/162/60032.jpg

http://augenzeuge.stern.de/pict/thumb/16828/510x510/thumb

www.portal.gmx.net/de/themen/nachrichten/panorama/naturkatastrophen

http://www.krist-versicherungsmakler.de/glossar/hoehere-gewalt__337.htm

http://www.datenrettung-info.at/uploads/inhalt/ursachen_diagramm.jpg

http://www.munichre.com